坂崎千春
×
「白黒さんいらっしゃい」
プロジェクト

白黒猫さんに
愛を込めて

白黒さんいらっしゃい

公式ガイドBOOK

河出書房新社

はじめに

　この本を手に取ってくださって、ありがとうございます。本書は、WEBサイト「白黒さんいらっしゃい」をまとめた初の書籍となります。イラストレーター坂崎千春さんの作品の世界観と、サイトの世界観を、そのまま紙の本に閉じ込めました。サイトに投稿してくださった多くの飼い主さんと坂崎さんのファンのみなさんへ、そして愛猫さんと暮らしているすべての人々、生き物が大好きなあなたのために、心を込めてまとめた一冊です。

　右ページの「あらまし」にある通り、白黒猫さんのことは、本書でもなるべく「白黒さん」と表現しています。

「白黒さんいらっしゃい」を書籍にまとめることで、あらためて坂崎さんのイラストのかわいらしさ、白黒さんのエピソードの面白さを再発見でき、白黒さんの魅力に思わず笑顔がこぼれるはず。あなたの心を優しくしてくれるこの本を身近に置いて、いつでも手に取って広げていただけたら幸いです。

「白黒さんいらっしゃい」プロジェクト

あらまし

街のはずれに
白黒猫の絵だけを描く
不思議なお店があります。

このお店では、白黒猫のことを
白黒さんと呼びます。

描かれた白黒さんたちをよく見ると
色々な柄のデザインの子がいます。
名前もユニークですし
性格や癖もみんな違います。

白黒さんのことがよくわからない方でも、
この子たちをみているだけで、
何だか楽しい気持ちになってきます。

「白黒さんいらっしゃい」を、
たまにのぞいてみませんか。

もくじ CONTENTS

Chapter 2

白黒さんたちのギャラリー

Chapter 1

「白黒さんいらっしゃい」にいらっしゃいませ

「白黒さんいらっしゃい」は単にサイトを見て楽しむだけではなく、
グッズを愛でたり、使ったり、ポップアップストアに行くなど、
たくさんの楽しみ方があります。

白黒さんいらっしゃい 誕生秘話と その歩み

**誕生から現在まで、これまでの歩みを振り返りつつ、
今後の展開についてもご紹介します。**

「白黒さんいらっしゃい」の WEB サイトがスタートした 2017 年当初、告知したのがこんなメッセージでした。「白黒さんいらっしゃいは、白黒猫の魅力を皆さまと楽しむ WEB サイトです。皆さまからご投稿頂いた白黒さんの写真とエピソードを掲載。さらに、その中から数点をイラスト化させていただきます。白黒さんのエピソードをもとにした『むびしばい』も！　どうぞお楽しみに」。

毎日更新し続け、サイトに登場した白黒さんは約 3000 匹。2024 年 3 月 30 日には 7 年目を迎えることに。

坂崎さんの愛猫てんちゃんがサイト誕生のきっかけに

現在、サイトを運営しているのは（株）築地ファクトリーの小野尾勝彦さん。最初のきっかけは一匹の白黒猫さんだと教えてくれました。「イラストレーターの坂崎千春さんが白黒猫のてんちゃんを飼われていて、白黒猫さんたちだけのアトリエ的なサイトを作れたら楽しいのでは？　というのがスタートです。写真を投稿していただいた白黒猫さんたちが、坂崎千春さんの手によってイラストになり、みなさんに喜んでいただき、幸せな気持ちになってもらえればと思いました」と当時を振り返ります。

白黒猫さんだけのサイトはこれまでになく、最初はいろいろ悩んだとか。「チャトラとか他のネコとかは投稿してはいけないの？」など、いろいろな意見もありましたが、スタート直後から、たくさんの猫さんファンが応援してくれました。白黒猫さん以外の毛色の飼い主さんからも、「かわいいですね」と喜んでいただくことができました。

スタート当初から毎日更新を継続しました

サイトがスタートした時、小野尾さんたち編集スタッフが考えた方針の一つが「毎日更新」ということ。「とにかくこういったサイトは安定感が必要だと思い、毎日更新をすると決めました。2017年のスタート以来、休むことなく毎日10時に『あなたの白黒さん』を更新しています」（小野尾さん）。おかげで猫ファン以外の人にも認知されるサイトに成長しました。

はじめの頃は、大量に寄せられる投稿の中から面白いエピソードやかわいい写真を選ぶ作業に苦労したそう。「2017年から毎日繰り返していると、体内時計に組み込まれたのか、毎日10時前になると体がピクッと動くようになりました」と小野尾さんは言います。

坂崎千春さんの作風に合ったシンプルさを大事に

毎日更新ともうひとつ、スタッフが考えたのがシンプルさ。これはサイト自体がシンプルで見やすいというだけでなく、サイト全体のコンセプトになっています。坂崎千春さんの作品の特長でもあるシンプルだけれど高い表現力。そして独特の世界感を表現するために、シンプルさを重視したのです。こうした影の工夫と地道な努力のおかげで、約3000匹の白黒猫さんたちが集まるコミュニティーにまで、大きく成長することができました。現在、多い日で1日100件ほどの投稿があるそうです。

「白黒さんいらっしゃい」は猫さんが中心のサイトですが、今後は、その他の白黒の生き物（ペンギン、パンダ、シマウマなど）とのコラボなども検討しているとのこと。

「引き続き、ちよだ猫まつりなどのイベントにも参加して、ファンの方との交流を深めていく考えです。2023年に、3月30日を『白黒猫さんの日』として、日本記念日協会に登録しました。今後も積極的にイベントに参加します」（小野尾さん）。あなたの住む街でも、白黒さんに出会えますように……。

HISTORY of SHIROKUROSAN

白黒さん いらっしゃい 年表

毎日少しずつ進んできました。
支えてくださったみなさんに感謝！

2016.8	「白黒さんいらっしゃい」の企画が持ち上がる。坂崎、小野尾らで日々集いWEBサイトの内容を温めはじめる
2016.10	WEBサイトの中身がほぼ決まり、制作を開始
2017.3.30	公開
2017.7	グッズ展開開始
2017.7	「さかざきちはる おしごと展」白黒さん初展示
2017.9	第84回東京インターナショナル・ギフト・ショー秋 2017
2018.1	東京駅一番街 東京キャラクターストリートでポップアップショップ
2018.8	京王百貨店 チャリティーイベント「みんなイヌ、みんなネコ」に出展
2018.8	「パネル展 白黒さんいらっしゃい –あなたの白黒さん2018–」開催
2019.5	あなたの白黒さん記事掲載1000件達成！！
2020.2	あなたの白黒さん記事掲載2000件達成！！
2020.2	京王百貨店新宿店でスタンプラリー開催
2020.2	「ちよだ猫まつり2020」参加（2022年、2023年も参加）
2021.2	京王百貨店新宿店「にゃんにゃんフェスティバル」参加「白黒さんいらっしゃいアトリエショップ」出展
2023.12	3月30日を「白黒猫さんの日」として、日本記念日協会に登録

かわいいだけじゃない

実力派が勢ぞろい！ 白黒さんグッズ大公開

過去に販売した商品をご紹介します。
生活の中に白黒さんがいてくれるだけで、
優しい気持ち、幸せな気分に。

FIGURE TOYS

フィギュア

二次元の白黒さんが三次元になって魅力が倍増しています。なかなか手に入らないレアタイプも！

(1) てんちゃん

この子は小さい頃のてんちゃん！

(2) タイト

ほど良い重さのあるかわいいぬいぐるみ

(3)

小さいけどこれがラベルライター

(4)

1,2
フィギュア
しぐさがかわいい白黒さんたち、
全部揃えて飾りたい！

3
ぬいぐるみ てんちゃん
やさしい手触りで、
最高の癒しをくれるはず。

4
白黒さんのテープ&ラベルライター
スマホでカンタン操作。白黒さんのテープを好きなところに貼って楽しもう。（購入可能）
・ピータッチキューブ
https://www.brother.co.jp/product/labelwriter/special/cube/label-place/index.aspx

※紹介したアイテムはあくまで2024年2月現在の参考商品であり、URL記載商品以外は現在販売していないもの（購入不可商品）もございます。商品に関してのお問い合わせにはお答えは出来ませんのでご了承ください。

FASHION

衣類や小物

白黒さんを着たり、はいたり、被ったりできる幸せを与えてくれる衣類。素材やプリントにはこだわっています。

(1)

(2)

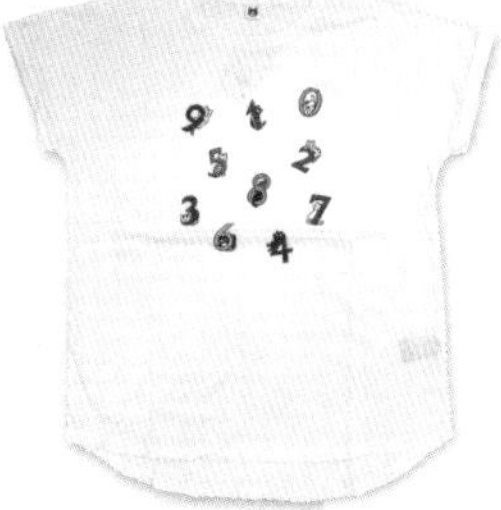

1,2,3,4

Tシャツ

着心地が良く、夏でも
べたつかない生地を採用。
男女兼用。

5

靴下

デザインは5種類。
履き心地のよさが自慢です。
(購入可能)
・Miita公式オンラインショップ
https://miita-shop.com/item-list?categoryId=46710

(3)

(4)

白黒さんを
着ます！

(5)

(6)

アウトドアでも
大活躍

(7)

6

帽子

持ち運びできる
小さなポーチ付き。

7

LINEビーニー

色は3種類。男女兼用。
白黒さんワンポイントがキュート。

FOR
BATHROOM

洗面所グッズ

毎日使うウォッシュルームやバスルームに白黒さんがいてくれたら、もっと快適な時間になるはず。

2匹と一緒に
バスタイム！

(1)

(2)

左が表、
右が裏

(3)

(4)

1,2
ソープディスペンサー＆ディスペンサー
背の高いソープディスペンサーと安定感のあるディスペンサーの2種類。

3,4
歯ブラシスタンド
複数入れられるコップスタイルと、一本ずつ立てるタイプの2アイテム。

(5)

国産のさらっと
軽いガーゼです

(6)

5
泉州ガーゼ ハンカチ
ランダムに白黒さんがデザインされています。

6
泉州ガーゼ バスタオル
バスタイムが楽しくなる素敵なタオル。白黒さん勢ぞろい！

FOR
KITCHEN

キッチングッズ

料理や食事を楽しくしてくれるグッズを揃えました。白黒さんのお皿にすると料理が映えると人気。

(1)

ホーロー風のワンプレート

一緒にご飯を食べましょ〜

(2)

1
ランチプレート
直径26㎝、軽い樹脂で作られたワンプレートで使える便利なお皿。

2
豆姫皿
陶器素材の変形皿は、アクセサリー入れにも。

3
コップ
ABS樹脂のコップは軽くて子どもにも安全に使えます。

4
マグカップ
白と黒のペアカップとしてプレゼント用としても大人気。

(3)

(4)

左が表、右が裏

(5)

(6)

5
コースターセット
コルクベースのコースター。
絵柄は6種類。
全種コンプリートしたい！

6
かや生地ふきん（プリント）
優しい手触りのふきんは
抜群の吸水性を誇ります。

FOR
SMART PHONE

スマホグッズ

いつも手元に置いて使っているスマホに白黒さんがいてくれる幸せ！　使いやすさにも配慮しています。スマホポーチはスマホ拭きにも。

メガネやスマホ拭きにもなるよ！

(1)

(2)

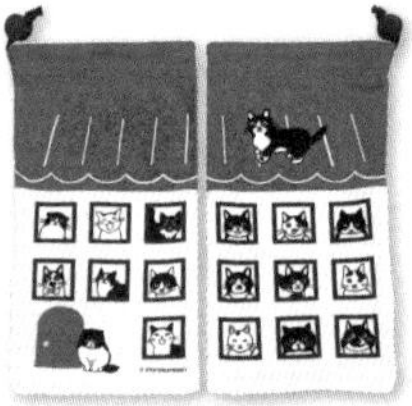

(3)

白黒さんはいつもスマホに寄りそう

(4)

(5)

スマホを首や肩からぶら下げるアイテム

誰に使えばいいの？

(6)

1,2,3
ポーチ
赤と黄の「お絵かきてんちゃん」と、赤の「白黒さんのおうち」。スマホやイヤフォン、コード類、小物の収納にも便利。

4
スマホケース
大小のてんちゃんと、アルファベットの白黒さん。他に赤のてんちゃんと数字の白黒さんがあり、どれもキュートで選ぶのに悩みそう。
（購入可能）
・株式会社エプリシング
https://item.rakuten.co.jp/case-ya/shirokurosankagr1/

5
ストラップホルダー
レッド、ホワイト、グレー、ネイビーの４種類で展開。

6
LINEスタンプ
送った相手を笑顔にしてくれるキュートなスタンプ。

FOR
GOING OUT

おでかけグッズ

エコバッグやお弁当箱、傘など、おでかけが楽しくなるアイテムが勢ぞろい。素材や縫製にも徹底してこだわった逸品です。

カバンの中に入れて
サブバッグに！

①

②

1,2
エコバッグ
お買い物の必需品となった
エコバッグ、ちいさく畳んでもかわいい！

3
ビタットミニ
携帯用除菌グッズ。
持ち歩くのが楽しくなる。

③

一緒にピクニック
でも行く？

⑤

4
傘
色は2種類、雨の日が
待ち遠しくなる傘です。

5
ランチケース
白黒さんイラストにすると、
ランチに笑顔が増えそう。

6
箸&箸箱
イラストを見ているだけで幸せな気分に。

ワンポイントの
てんちゃんが
かわいい

④

⑥

いろいろ出店しました！ ポップアップストア

白黒猫さんだけの不思議な雑貨ブランド。
いまもポップアップストアを全国で展開中です。いろいろな雑貨になって、白黒さんファンの手元に届けられます。

UMEDA SOUQ in HANKYU UMEDA
阪急うめだ本店 うめだスーク

うめだスークは10階にある、文具・手芸・趣味雑貨などの売り場です。関西の猫好きさんが集まりました。

てんちゃん、パンダさん、ペンギンさんのコラボでした。

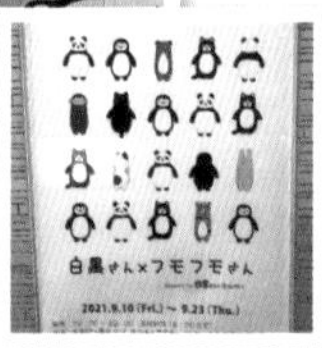

TOKYO CHARACTER STREET
東京キャラクターストリート

東京駅八重洲口側にある売り場では外国人観光客も多く、お土産に購入する人も多数。

KEIO DEPARTMENT SHINJYUKU

京王百貨店新宿店

京王百貨店の主な顧客層である中高年ミセスだけでなく、若い男性客にも大人気。

建て替えのため閉店予定の京王百貨店。毎年来店されるお客様も多かった。

TOKYU DEPARTMENT TAMA-PLAZA

東急百貨店 たまプラーザ店

ハイセンスな売り場が特徴の東急たまプラーザ店でも、連日大盛況に。

「あなたの白黒さん」厳選 イチ推し投稿

ウチの白黒さんがいちばんカワイイ！
名前やエピソードから、その愛情の深さが伝わってきます。
「あなたの白黒さん」の投稿からクスッと笑えてほっこりできる
極上のエピソードを集めてみました。思う存分癒されてください。

おやっさん

⬅ ちょっと太めのオトちゃんは、こうやってすわります。2さいとは思えない、この貫禄。まさに「おやっさん」です。

オトちゃん
（おとこのこ 2さい）

⬇ 我が家のお姫様。本当は毛づくろい中なのですが、まるで何かに嫉妬しているみたい。「キィィィ ── あのムスメっ」

ピノ
（おんなのこ 6さい）

キィィィー

➡ 多くは語らず目で物を言う。玄関開けたら、すぐナデナデ要求。しないとガブーアタックでさらに要求。人間は部下、オレはキング。世界はオレのために回っている。

Umi
（おとこのこ 12さい）

動けるデブ

寝相エキセントリック

⬆ とにかく寝相が毎日エキセントリックで、見ていて飽きません。本当に休めているのでしょうか。

なな

（ おんなのこ 1さい ）

⬇ 同じ模様なのに尻尾の長さが長・中・短。毛の長さが長・中・短。性格ものんびり、せっかち、臆病とみんな性質が違います。

ガル・クロ・チビ

（ おとこのこ 3さい ）

白黒三兄弟

しっぽだけ

⬆ お風呂に入れると、必ず入ります。けどしっぽだけ……。同時にお湯も飲むため、飼い主は入浴剤を使用できなくなり、こまめにお風呂掃除をするようになりました……。

フラッフィー

（ おんなのこ 2さい5ヵ月 ）

⬇ 初めて豆苗をあげたら、こんな表情になりました。そんなに美味しかったのかなぁ？

ウル

（ おとこのこ 2さい ）

なんだってぇ?

⬇ 鼻に日本列島。本州っぽい模様がポイントのかわいい子です。今は心臓の病気と闘っています。頑張れりょうくん!!!

りょうすけ

(おとこのこ 8さい)

日本列島

入ります

⬆ 箱が大好きです。箱を見ると、小さな箱でもとりあえず入ります。

クリ

(おとこのこ 8さい)

⬇ 春、夏、秋は主に畑でネズミ狩り。冬は雪が大の苦手で家からまったく出ず。チャームポイントはハチワレではなく、"1" ワレのおでこです。

チー

(おとこのこ 3さい)

イチワレ

日々ストーカー

⬆ 飼い主の見えるところばかりで行動する、甘えん坊の寂しがり屋のすけさん。少しドアの隙間を開けていると、いつも覗いたり手を出したり。もちろんお風呂やらトイレにもついてくるストーカー猫。いつもかわいいストーカーに付け回される日々も悪くないです。

すけ

(おとこのこ 1さい)

忘れてなんかいない

⬆ 息子の仕事場の前に捨てられていた子猫です。今では我が家のヒロイン。でも新しい仲間（孫）が来て、ヒロインの座を取られ、最近ちょっと寂しそうです。大丈夫、忘れてなんかいないからね。

ふう

（ おんなのこ 3さい ）

元気でもションボリ

➡ 1年半前にひょっこり現れた面白い顔の猫。去勢手術を経て我が家の庭猫になりました。元気でもションボリ顔がチャームポイントです。

ハチ

（ おとこのこ 2さい ）

壁から生まれた壁太郎

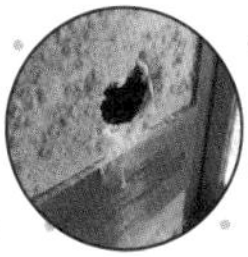

⬅ おじいちゃん家の古いお屋敷の天井裏に親子猫が住みついた。ところがある日、ヨチヨチ歩きの子猫が柱の隙間に落ちてしまった。落ちた先は玄関の壁の中。鳴き叫ぶ子猫と、助けられず途方に暮れる母猫。そこへたまたま遊びに行った私が発見。壁を壊して救出することを決意（おじいちゃん、ありがとう）。そして、壁から出てきたのが壁太郎。将来の夢は立派な壁になること（たぶん）！奇跡の子、壁太郎。里親さん募集中です！

壁太郎

（ おとこのこ 0さい ）

動く白黒さんを楽しむ「むびしばい」

フルアニメーションとはひと味違う

何回も見たくなる、究極の癒しをくれる白黒さんたちです。

➡ 飼い主さんが見ていないと、食事をしません。その食事風景とは……!?

アーティストのハヤカワケンゾーさん（ゴーストノート）が「むびしばい」という動画を作成しています。紙芝居は、１枚の絵の中で動きや感情を想像させます。そこに、世界観を醸成する“音楽”をつけ、心地よい“間”で絵を切り替えるのが「むびしばい」。「イラストのチカラが強いのでフルアニメーションより『むびしばい』の手法がより伝わると思っています」とハヤカワさん。「世界観をこわさないように、イラストを切り替える間を大切にしています。また、音楽はあえて大人っぽいジャズテイストのものを選んでいます」。

⬆ 大好物の板海苔を見つけた時の、きらきら輝く瞳に注目。

No. 0001

小夏

⬇ このむびしばいを見て、ふふっと笑顔にならない人はいないはず！

No. 0002

はな

むびしばい

むびしばい詳細はこちら ⟶

https://movie-shibai.com/

白黒さんいらっしゃい

公式サイトのご案内

サイト全体は、坂崎千春さんのイラストによる「白黒さん」、投稿していただいた写真が掲載されている「あなたの白黒さん」、むびしばい作家のハヤカワケンゾーさんによる「むびしばい」、投稿方法などを解説した「つかいかた」、「あらまし」、「おしらせ」から構成されています。

このサイトでは白黒猫のことを「白黒さん」と呼びます。写真と坂崎千春さんが描く白黒さんたちをよく見ると、さまざまな柄をもち、名前もユニークで、性格や癖もみんな違っていて、どの子も魅力的です。眺めているだけで、幸せな気分にさせてくれます。投稿された白黒さんの素敵なエピソードや、たくさんの白黒さんの写真とイラストを見ていると、猫さんに興味がない人であっても、何だかいい気持ちになってくる、とても不思議なサイトなのです。

あなたの白黒さん

みなさまから届いた白黒さんの投稿数は約3000件。どの子も魅力的で愛らしい子ばかりです。本書のP20～23「『あなたの白黒さん』厳選　イチ推し投稿」では、編集部オススメの面白い投稿を選んで紹介しています。今後もぜひ投稿してくださいね！

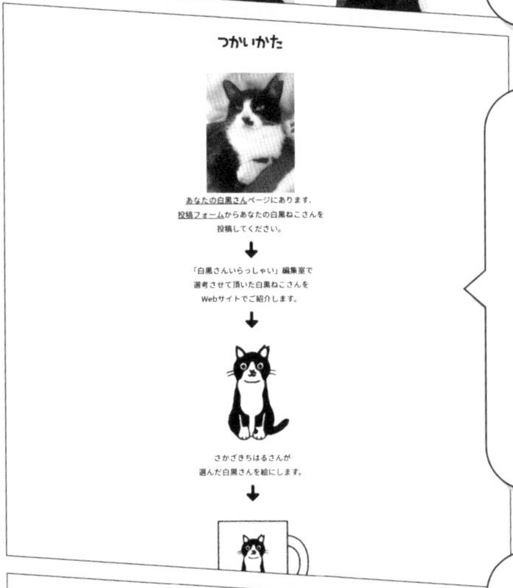

つかいかた

投稿フォームからあなたの白黒さんを投稿してください。「白黒さんいらっしゃい」編集室で選考した白黒さんをWEBサイトで紹介します。さらに、坂崎千春さんが選んだ白黒さんをイラスト化！　絵になった白黒さんはいろいろなグッズにもなります。「むびしばい」という動画にもなります。

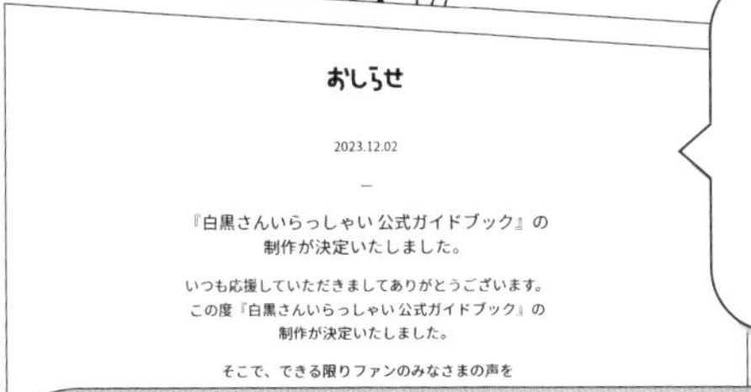

おしらせ

サイトに関連するイベント情報や新商品の紹介といった新着情報を紹介しています。本書の発売も告知されました！

公式サイトへのアクセスはこちら →
https://www.shirokurosan.com/

マフラー猫

色違いの７つのマフラーを首に巻き、円陣をくむ白黒さんヒーローレンジャー。自信にあふれたその表情が頼もしい！

Chapter 2

白黒さんたちのギャラリー

「白黒さんいらっしゃい！」に毎日たくさんの投稿をありがとうございます。
掲載された白黒さんを飼い主さんのコメントとともにご紹介します。
誰もが笑顔になること間違いなし！

※ここで紹介している白黒さんたちの年齢は、公式サイト掲載当時のまま載せています。

No. 0000

てんちゃん

引越しの際に置き去りにされたらしい。
２０１１年の４月に保護してくれた
里親さんのところからやってきた。
甘えん坊で、
ご飯はそばで見守っていないと食べない。
どんくさくてドアに挟まったことあり。
鼻の横に句読点のような模様があるので、
てんちゃんと名付けました。

みて！

おんなのこ
7さい

のりが
好き
—
おんなのこ
15さい

No. 0001

小夏

のりが大好物。大判２枚を平らげた。
袋から出す時のぱりぱりの音で目がキラキラ。
のりをちぎっては口元へ、はい口元へ。
の、わんこのり状態で、こちらも疲れます。
最近は甘エビも好きで、甘エビ見ると興奮します。
なので、甘エビ貯金はじめました。

No. 0002

はな

落ち
ちゃった
—
おんなのこ
11さい

のんびり、おっとりしてるけど、
スキあらば外へ脱出しようと、虎視眈々。
過去に塀にのぼろうとして落っこちた！
恥ずかしい経験をもつ。
ひざの上に抱っこするとゴロゴロ、
手を持ち上げて頬にタッチしてくる（泣）。

ケンカ
きらい
—
おんなのこ
5さい

No. 0003

メリー

猫はホントによく寝る。では、起きてる時は何してる?
メリーの場合、いつも小走りしてる。
何故か、あちこち小走りしてる。不思議だ。
納豆が好きな時期もあった。パックのフタを
開ける音を聞いたとたんに、飛んで来た。
猫に納豆、やっぱり不思議な子だ。

No. 0004

マーちゃん

なめ
ちゃうよ
—
おんなのこ
3さい

いつもクルリン、
パグ状態のしっぽがチャームポイント。
ひっくり返れば、お腹がお尻になっちゃってる〜。
顔を近づければなめる、撫でればなめるという、「なめ猫」の人たらし。
夜がめっぽう弱く、8時前にはベッドへ直行、
まだまだ、おこちゃまなのです。

あまえちゃう
—
おとこのこ
0さい

No. 0005

文太

いつも元気いっぱい、遊ぶのが大好き！
でも、困ったことには、PP袋に異常な執着が……。
野菜やお菓子が入った、パリッのPP袋を見つけるや、
コソコソと動いて、もうかんでいる、食べている。
食べると気持ち悪くなるから、隠す、見つける。
で、うちでは、PP袋はすぐ捨てますっ。

No. 0006

まりん

とても甘えん坊で、
お気に入りはパパのおひざの上。
初めての人は警戒するけど、慣れればすぐにスリスリ。
家族が外出から帰ると、
いつも玄関まで走ってお出迎え！ で、
ゴロリン、スリスリ、いや～参っちゃうなあ。

用心
深いよ
—
おんなのこ
14さい

木登りは
にがて

おとこのこ
11さい

No. 0007

ペペ

長毛のイケメンなのに、なぜかモテない。
女の子を追いかけては木に登られ、
見上げるばかり。
そう、木登り、できません。
俺様いちばん！ と、地域巡回、見張りを怠らず、
「栄養、くれよ！」と甘えます。

ひかえめ

おんなのこ
4さい

No. 0009

こころ

お気に入りの場所に誰かいても、
けなげにいなくなるまで待つ……。
ご飯が欲しくても泣き騒ぐことなく、
誰かが気づくまでお皿の前でずっと座ってる……。
水道の蛇口から水を飲むんだけど、欲しい時は蛇口の前で座って待つ……。
ねぇ、もっと図々しくなっていいんだよ。

No. 0008

バッキー

ほんとの名前は、バッキー・どすこい・タマランチ。
歩く姿はお相撲さんだけど、走る姿はラガーマン。
頭の中は食べることでいっぱいだけど、歯がない。
ドスのきいた声かと思いきや、ソプラノボイス。
みんなと仲良くしたいけど恐れられ、
片思いの女の子「もみじ」もその気なし。
でも、おいら、くじけません。

おなか
すいた
—
おとこのこ
10さい

にげろ！
おんなのこ
3さい

No. 0010

サンボ

網戸のてっぺんまでよじ登ったり、
お気に入りの場所は開いたドアの上！ と
も～お転婆、一直線。
イタズラは人の見てない時とこころえ、
ヤバイ！ と感じたら、すぐ逃げる……。
う～ん、かなりしたたかじゃないの、サンボ！

No. 0011

ココ

モテる猫は
ツライわぁ
おんなのこ
年齢不詳

職業：サービス業(住込)
IQ：160(頭脳明晰)
EQ：70(唯我独尊、ちょっと冷たい)
憩い：へそ浴(お腹を出して日向ぼっこ)
悩み：猫にもヒトにもよく
ちょっかいを出される。
ひとりでのんびりするのが
好きなのになぁ。
モテる猫はツライわぁ。
好きな映画：イワン雷帝/
ミラーズ・クロッシング/卒業
あだ名：パン太郎/どど/お餅/
白玉/ダーちゃん

No. 0012

チョビ

まめ
だいふく
おとこのこ
7ヵ月

ボク、チョビひげちょびびん。
ハハから毎日「豆大福みたい」って、
抱っこされて、
ほっぺをモチモチされるの。
キライじゃないけど……。
ぐるぐるぐる……。

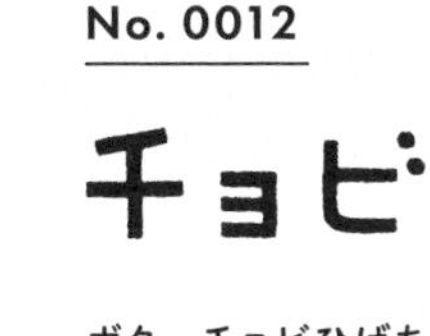

No. 0015

メイ

イラスト下絵

まんまるお目目と鼻の模様が
チャームポイントなおっとりさん。
寝相レパートリーが豊富で
どれもこれも芸術的。
その日の気分と夢の物語で
寝相が変わるらしい……。

寝相
アーティスト
おんなのこ
8さい

No. 0013

牛

一度見たら忘れられない、
汚れっぷりと、
ニンゲンのような目つきで
多くの人々を魅了。

イラスト下絵

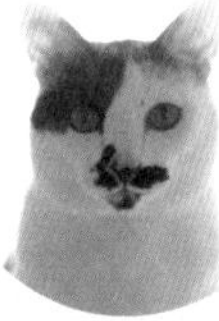

鼻まわり汚れ隊

おとこのこ
8さいくらい

No. 0014

ピッチ

階段でかまって
—
おんなのこ
5さい

イラスト下絵

階段でかまってアピール、
ピッちゃんはいつも
かぶり気味にお返事してくる
しっかりもの。
几帳面で控え目で
なんでもひとりで出来ちゃうけれど
ときどきは甘えたい。
障害持ったお兄さん
黒猫ロデくんの後ででいいから
すこしでいいから
抱っこしてほしいの……。
とってもいじらしい
かわいい子。

No. 0016

ブッチ

初めまして
甘えん坊で
放浪癖のある女の子。

放浪癖
おんなのこ
5さい

イラスト下絵

No. 0018

ごま

お風呂の残り湯が大好き。
飼い主がお風呂に入ると
足ふきマットの上で待ち構え、
お風呂上がりに浴槽に手をかけて水滴をペロペロ。
家族からは妖怪垢なめの疑いを
かけられています。

ペロペロ しちゃう
おんなのこ
2さい

イラスト下絵

No. 0017

にゃあさん

タキシードを着た
カギちっぽのマスクマン、
ゴハン大好きな
デレデレちゃん。

イラスト下絵

マスクマン
—
おとこのこ
4さい

ビッグ
ボディー
—
おとこのこ
2さい

イラスト下絵

No. 0019

ジジ

夜家族が寝ると、ご飯？ おやつ？
あそぼ？ と起こしに来ます。
人間の妹にも、猫の後輩にも
優しい素敵男子です。
約6キロの
もふもふビッグボディーです！

くちびる
黒いよ
—
おとこのこ
2さい

No. 0020

もず

元飼い主さんの緊急入院で
保護されたコです。
初日からゴロゴロスリスリ、
人が大好きな甘えん坊です。
くちびるが黒く、少し開いているように見える
愛嬌のある顔です。

イラスト下絵

イラスト下絵

No. 0021

うたまろ

おやつの入っている棚を
どんなに工夫しても
開けてしまう
うたまろくんです。
帰宅すると盗んだおやつで
パーティーしてます。

パーティーしちゃう

おとこのこ
1さい

No. 0022

かぼす

次どこ行く？
北海道の観光マップを見ていたら
一緒に見始めました。

次どこ行く？

おとこのこ
3さい

イラスト下絵

No. 0023

らいにゃん

抱っこ大好き

おとこのこ
2さい

抱っこ大好きな甘えん坊、
人間のトイレでおしっこするよ。
朝は遊んで欲しいから
相方をひたすらストーキング。
息子とはライバルでいつも戦ってる。
名前を呼ぶと
必ずこっちにやって来る
犬みたいならいにゃん。

イラスト下絵

ジャンプ!
おんなのこ
1さい

イラスト下絵

No. 0024

忍

のんびりゆったりした
性格の忍さん。
日頃は動きもゆったりですが、
新しいオモチャが登場すると
テンションが上がって、
飛びます!

女王様
おんなのこ
18さい

No. 0025

ビビ

我が家の女王様。我が家は何でも彼女優先。
ご飯もおやつも一番にもらいます。
でも、マイペースな彼女は、
のんびり食べているうちに
他の子に取られてしまいます。でも大丈夫。
女王様のためなら何度でもおやつが出てくるのですから。

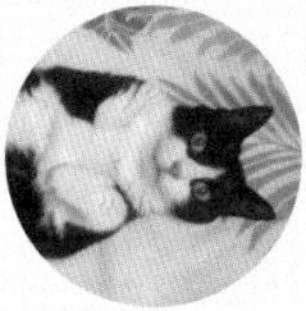

イラスト下絵

クール
—
おんなのこ
17さい

No. 0026

チャイ

2年前 17さいで天に召されました。
クールな子で、抱っこも嫌い
触られるのも嫌い
寝る時も押入れの中で寝姿すら見せない子でしたが
亡くなる1年くらい前からすごく甘えるようになり
私のベッドにきて私の腕枕で寝るようになってくれました。

イラスト下絵

3年半
—
おとこのこ
5さい

No. 0027

ぶぅちゃろ

3年半の間、
外で頑張ってきた子。
3ヵ月で飯ばばぁに変身し、
我が家に連れ込みました。

イラスト下絵

No. 0028

マロ

おすまし
—
おとこのこ
2さい

2年前の夏、
我が家の庭先でノラ猫が
4匹の子猫を生みました。
保護して里親を探す
つもりでしたが、結局、
親子全員うちの子になりました。
5匹とも毛色が違って、
母猫は三毛、兄妹はキジトラ、
茶トラ、サビ、そして白黒のマロ。
兄妹の中で一番体が大きくて、
やんちゃないたずらっ子！
写真撮るときだけは、
おすましして、猫かぶってます。

No. 0029

きゅー

何かして欲しい時は
お喋りして意思表示する面白い子。
返事も上手に返してくれるので、
一緒にお喋りすると止まらなくなります。
それもまた楽しい時間です。
お喋り上手さん。

お喋り
上手
—
おとこのこ
3さい

No. 0030

ぼんてん

イラスト下絵

じー。
ベッドにやってくると、
飼い主の背中をチョイチョイして
腕枕をせがむ
甘え上手な女子です。
飼い主は見習いたいよ。

じー

おんなのこ
1さい

パー フェクト

おんなのこ
4さい

No. 0031

リンリン

パーフェクト。兄猫と弟猫との間で
微妙な距離感を保ちながら立ち振舞う我が家のお嬢さま。
自分が1番かわいいと自覚し、甘えたい時だけ上目遣いで寄ってきて
目を合わせながらゴロンと寝ころんで撫でてポーズ。
兄猫、弟猫の嫉妬の眼差しも我関せず、
マイペースなお姫さまです。

イラスト下絵

No. 0032

タイト

呼ぶと返事するから
写真はいつも口が開いてる。

返事 するよ

おとこのこ
9さい

イラスト下絵

イラスト下絵

No. 0033

りょうすけ

鼻に日本列島
本州っぽい模様がポイントの
かわいい子。
今は心臓の病気と闘っています。
頑張れりょうくん!!!

日本列島
—
おとこのこ
8さい

イラスト下絵

No. 0034

ゆず

顔の形が
柚子に似ているからゆず。

ゆずににてる
—
おんなのこ
4さい

イラスト下絵

No. 0035

カブキ

歌舞伎顔猫カブキ。
保護猫カフェにて一目惚れ。
我が家の長男に。
シャイボーイでまったく
全然なつきませんが、
我が家の宝物。

カブキ

おとこのこ
2さい

No. 0036

もん

のびのび
おとこのこ
5さい

3年前の冬、
突如、近所の公園に出現。
しばらく様子を見ましたが、
寒空の中、
毎日公園のベンチ下で
丸まっている姿に耐えられず、
抱っこして一緒に家に帰りました。
保護時は、風邪も引き、痩せ細り、
ストレスからおハゲも
出来ていましたが、
今ではお家でのびのび過ごしています。
特技は、立ち飲み。
ごはんの時は、応援を呼びに来る。
ホタテと飼い主のお腹
ふみふみが大好き。

イラスト下絵

No. 0037

サク

怪我をしていて、
遠くから我が家にやって来たサク。
5ニャンいる我が家のニャンコの中で
唯一の男の子。
かわいいかわいいサクです。

イラスト下絵

男一匹
おとこのこ
6さい

No. 0038

そぼろ

縁あって
やって来た
—
おとこのこ
0さい

イラスト下絵

新しい仕事をはじめ、
素晴らしい師匠に出会い、
その師匠のお庭で生まれ、
保護され、
我が家にやって来た子。
ふわふわモコモコの毛皮、
ちょっとおじさんみたいな
おちょぼロ、
そして前後ろ長さが違う
ソックスが特徴です。
尻尾はトトロ。
幸せを引っ掛けてくる
鍵しっぽです。
縁あってやって来た。

No. 0039

ドロシー

クローバー
—
おんなのこ
5さい

イラスト下絵

気まぐれで甘えん坊、よく喋るドロシー。
「にゃー」と声がかかれば
絶対服従！ 我が家の女王様。
ドロボーひげのような
ロの模様は
幸せの四つ葉のクローバー。

イラスト下絵

No. 0040

ゴエ

風格のある猫。
オスだと思って
五右衛門と名づける。
獣医に行って
メスだと分かる。

風格
—
おんなのこ
8さい

**日本語
わかる**
—
おんなのこ
8さい

No. 0041

みぅっち

イラスト下絵

天井裏で生まれ、
壁の隙間に落っこちて
レスキュー隊のおじさんに
助けられた猫。
おきゃん。
抱っこ嫌い、焼き海苔好き。
普段は「ヒヒヒヒ……」と鳴く。
おやつを要求する時だけ
「ニャ??」と激しく鳴く。
長毛なので毛玉がたまりやすい。
戻す時はいつも高い所。
家族大パニック。
戻したあとは知らんぷり。
長いしっぽを
プリプリ振りながら歩く。

人が好き
—
おとこのこ
11さい

イラスト下絵

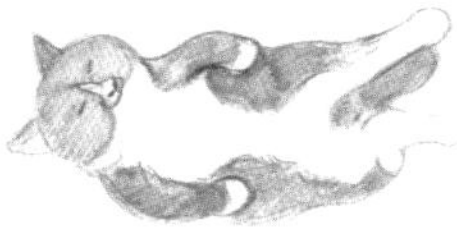

No. 0042

小次郎

人が大好きで、
トイレまで
一緒に入って来ます。
大きいのに甘えん坊。

イラスト下絵

No. 0043

チビ太

たまにおっさん座りに
なってしまうチビ太くん。
近頃は新入り猫ちゃんが来て、
のんびりすることが
少なくなってきました。

のんびり
マイペース
—
おとこのこ
3さい

No. 0044

小次郎

テン
テンテン
—
おとこのこ
6さい

生後1ヵ月くらいの時
美術館の庭で保護されました。
そのせい！？ か口元に筆でチョンチョンと
描いたような黒テンテンがあります。
テンテンはまだまだ成長中。
扉を開けるの大好き甘えん坊さんです。

No. 0046

マリン

千葉ロッテマリーンズ大好きっ娘。
スピードスター西岡剛の再来か！？
ってぐらい家の中を走り回っています。
パパとネットでロッテ戦を観るのが大好きで、
将来は千葉ロッテマリーンズの
マスコットになるのが目標？

ロッテ戦
—
おんなのこ
1さい

No. 0045

ジェイちゃん

ぽてっ

おんなのこ
11さい

ぽてっ。
寝るの大好き。
むっちりボディと
細い手足、
オッドアイが自慢です。

イラスト下絵

15時間
—
おとこのこ
4さい

No. 0047

かい

幹線道路の真ん中で
もうすぐ動き出すトラックのすぐそばで
ヨチヨチしていた子猫。
どうにか逃げたものの、
その後植え込みの中に隠れて15時間。
やっと出てきてうちの子になってくれたね。
そんな君ももう4さい。
でも、相変わらずのビビりん坊で、
やることなすこと
いつまでも子猫っぽい、かい。
永遠の子猫。おにぎりの海苔みたいな
ヘアスタイルが自慢です。

イラスト下絵

たぬき
ではない
—
おとこのこ
4さい

No. 0048

まる

たぬきではない。
パンダでもありません。
猫なのに
運動神経が悪いです。

イラスト下絵

No. 0049

にゃにゃ

イラスト下絵

真夏の公園に捨てられていた
にゃにゃ。
兄弟猫２匹は
虹の橋を渡っていったけど（；；）、
にゃにゃは持ち前の
生命力で生き残り、
我が家にやって来ました。
臆病だけど、
家族には甘えん坊で、
食いしん坊のにゃにゃ。
にゃにゃ無しの生活は
考えられません。

臆病だけど

おんなのこ
5さい

No. 0050

いち

自称正統派
美少女
—
おんなのこ
6さい

自称正統派美少女。
いっちゃんは、翡翠色の目と
ピンクのお鼻をもつ白黒の美少女です。
甘えてるとヨダレが出ちゃうから、
別名ヨダレ姫。
上海生まれの東京育ち。
生後2週間くらいで
箱詰めで捨てられてたのを
見つけたのが出会い。
今やすっかり立派な大和撫子。
「ご飯のお代わり、まだかしら?」

イラスト下絵

No. 0051

マオ

偶然の
出会い
—
おとこのこ
4さい

偶然の出会い。
犬の散歩をしていた時に偶然出会い保護しました。
ドアの開け方を教えたら覚えるし、
一度叱ったら二度とイタズラしないくらい賢い。
人見知りが激しいけれど、
飼い主にはとってても甘えん坊な男の子。

イラスト下絵

強運。
道路脇で車にひかれて死んでいた母猫の横で、
奇跡的に生きていたハムスターくらいの大きさの子猫。
それがニコちゃんでした。不幸な生い立ちを不憫に思った私が、
散々甘やかして猫かわいがりして育てたせいか、
今では7kgの巨漢猫になりましたが、
健康で元気いっぱいワガママいっぱい幸せに暮らしています。

No. 0052

ニコ

強運
—
おとこのこ
7さい

イラスト下絵

No. 0055

まゆ

おっとりさん
—
おんなのこ
7さい

のんびりおっとりな性格です。
何をするにものんびりした動き……。
寝返りを打って、そのままハンモックから落っこちることも……。
お膝やお父さんのお腹に乗るときは、
足をトントンしてお伺いたてます。
お腹のお肉がたぷたぷしていて、絶賛ダイエット中。

イラスト下絵

No. 0053

カッパちゃん

元
地域猫
—
おとこのこ
推定6さい

上から見ると、頭の黒いギザギザが
河童のお皿みたいだから
ということで、ついた名前がカッパちゃん。
野良猫から地域猫へ。
そして今は、
我が家で家猫として幸せに暮らしています。

イラスト下絵

イラスト下絵

No. 0054

サリーちゃん

生後1ヵ月くらいで中目黒の川沿いに
捨てられていたところを、
今の家族に引き取られました。
サリーちゃんが床で体勢を変え
"へそ天"状態になって、
顔だけこちらに向けると、
その逆さの口もとに
ハート型がはっきり
見えるのが何とも
かわいいのです。

口元がハート模様

おんなのこ
5さい

No. 0056

大五郎

それ、ヅラ？
と聞きたくなる見事なパッツン前髪。
後ろを向けば、尻餅ついたの？
と聞きたくなるお尻。
思わず笑ってしまう柄ですが、
本人は至って真剣に生きています。

イラスト下絵

真剣に生きてます

おとこのこ
6さい

No. 0057

サスケ

闘病中！

おとこのこ
7さい

群馬県で保護されたサスケ。
mixiで里親募集の投稿を見た飼主は、
この子に決めた！
と神奈川県からお迎えに行きました。
糖尿病を発症してしまい、
一時期7キロオーバーだった体重も、
今では4キロの
スリムなボディになりました。
脱水予防にカリカリを
水でふやかしてから食べているけど、
左手で食べるから
いつも左手が茶色いです。
チャームポイントは
片方だけずり下がった靴下と、
ボワボワの胸毛。

イラスト下絵

No. 0058

コッチ

ヒゲガール
―
おんなのこ
1さい

野良の母猫さんから親離れし
猛暑日に倒れていた所を保護。
元気になりましたが右手の麻痺と右目が見えなくなってた。
今は右手の麻痺は改善され高いところも登れるようになり
元保護猫のミアと姉妹のように仲良くしています。
ヒゲガール。

イラスト下絵

No. 0059

やんくん

きっとやんくんも、飼い主を溺愛していて
お互い居なくなったら生きていけないと思っている。
と勝手な飼い主(笑)。
だってほんとに甘えん坊なんです。
いつもいつもピッタリ寄り添ってくれる！
そんな髭づらの社長さん(笑)。
出会いは、里親募集で違う子を見に行ったけど
ずっと気になってた子！
ここからあたしの白黒ブームが始まり
今いる3匹はみんな白黒。

イラスト下絵

溺愛
―
おとこのこ
8さい

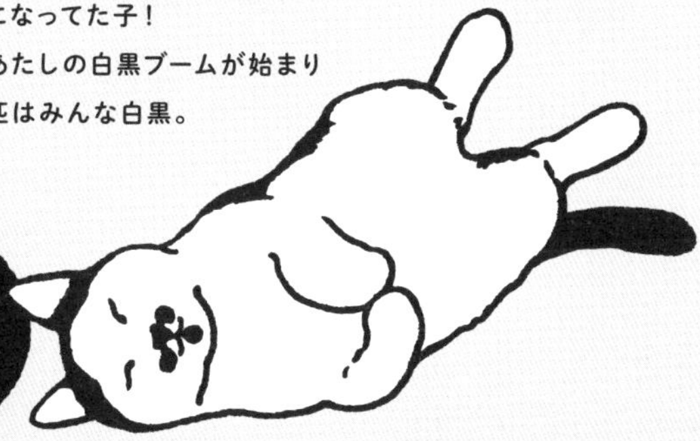

数字猫

色とりどりのナンバーモチーフに白黒さんたちがちょこんとデザインされている。ひとりひとりの表情にも注目！

Chapter 3

坂崎千春さん、こんにちは！

愛猫てんちゃんのアルバム写真、
本書のために描き下ろしたオリジナルイラスト、
そして、ファン必見の坂崎さんのインタビューをお届けします。

いとしのてんちゃん

MY BELOVED CAT, TEN-CHAN

「白黒さんいらっしゃい」でおなじみ坂崎千春さんの愛猫てんちゃんのフォトブックを発見！中身をちょっとのぞいてみましょう。

2011.4.22

初めてうちに来た日

慎重に部屋に入ります

2011.4.23

2日目で
もうなかよくなる

イスの上でリラックス

2014.8.11

すごい寝相

暑い日が続いていました

2015.1.14

トイレのてんちゃんは
ミミズクっぽい

おトイレではまじめ顔……

2015.1.18

いい子 いい子

なでてもらうの大好き

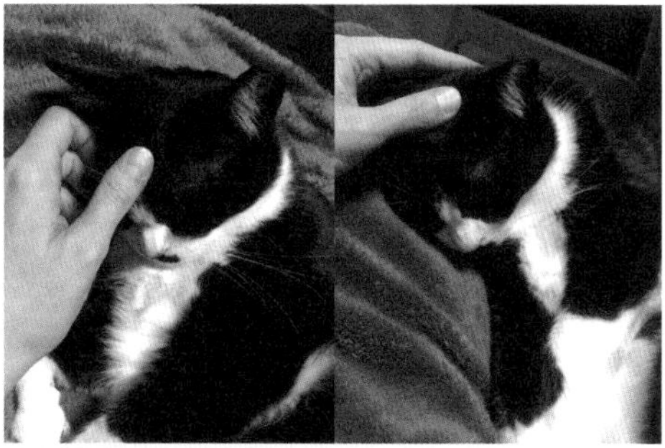

2015.3.7

渋い顔のてんちゃん

椅子の背からこちらを観察

2015.6.21

じーっと
見つめられたい

2015.9.4

なにか言いたげ

何かをうったえています

2015.10.18

まどろむてんちゃん

抱っこされるの大好き

2015.11.15

これはにゃんだ？

ていてい突いてみるのだ！

えいえい

むー

友人から
もらった
猫の文鎮でした

2016.3.13

毛玉の収穫
換毛期の猫ボール作成中

2016.3.26

おひざ大好き
ここがてんちゃんの
定位置です

写真では伝えられない
てんちゃんのかわいさ

2016.5.24

本当はもっとかわいいのにな

坂崎さん
描き下ろし！

チャレンジ
てんちゃん

SAKAZAKI'S COMMENT

最近、健康のために家で動画を見ながら筋トレをしています。てんちゃんにもダンベルを持たせてみました。ムキムキになっちゃうかも！?

筋トレ
てんちゃん

お料理
てんちゃん

SAKAZAKI'S COMMENT

体づくりのために大切なのはタンパク質。卵料理をいろいろ作ってみるてんちゃん。目玉焼きの黄身は固まっているのが好きです。

坂崎千春スペシャルインタビュー

びびっと合って、ペンギンみたいだなと感じた

愛猫との出会いの瞬間

たくさんの素敵な白黒さんを生み出してきたイラストレーターの坂崎千春さん。お仕事や愛猫さんについて、語っていただきました。

アーティストの素顔に迫ります！

―― 幼い頃から絵を描くのは好きでしたか？

　はい。幼い頃から、絵はもちろん好きでしたが、どちらかと言うと本好きの子どもで、よく図書館には通っていました。特に動物が登場する物語を好んで読んでいました。

『ドリトル先生』シリーズ（ヒュー・ロフティング著）や『エルマーのぼうけん』（ルース・スタイルス・ガネット著）、『くまのプーさん』（A・A・ミルン、E・H・シェパード著）など、動物の挿絵が描かれている作品を、夢中になっ

て読んでいました。

最初に自分で物語を作って絵を描いた作品としてよく覚えているのが、小学校3、4年生の頃、飼っていたインコを主人公にした、「ルルとリリの大冒険」というシリーズものです。手製の絵本を作成した記憶があります。その頃から、いつか自分で動物の絵を描いた本を作りたいと思っていたのかもしれません。

—— イラストレーターになったきっかけについて教えてください。

大学在籍時はグラフィックデザインを専攻していました。 大学卒業後はステーショナリーの会社に勤務して、制作室のデザイナーとして、カレンダーなどを作っていました。最初に商品化したのはクリスマス用のグリーティングカードです。

1998年に、本に関わる仕事がしたくて、6年ほど勤務した会社を退職し、フリーのイラストレーターとして独立しました。

—— フリーになった後、転機となった出来事とは？

創作絵本のグループ展に参加した後、書籍を出版したことが、大きな転機となっていると思います。

グループ展の会場で私の作品を見た出版社の方から声を掛けていただき、本として出版されることになりました。『ペンギンゴコロ』というタイトルで一般流通されてから、多くの方にイラストを見ていただけるようになり、シリーズ化して、『ペンギンゴコロ』の他に『ペンギンスタイル』『ペンギンジャンプ』などの続刊も出ました。これがのちに、JR東日本のICカードのマスコットである「Suicaのペンギン」の誕生につながりました。

てんちゃんとの素敵な出会いについて

―― 愛猫さんとの出会いについて教えてください。

猫はずっと飼いたかったのですが、以前は犬猫禁止のアパートに住んでいたので、文鳥を飼っていました。その後マンションを購入して猫の飼育が OK になったのですが、文鳥と猫を同居させるのは危険なので、猫は諦めてウサギを飼っていました。2011 年ごろ、仕事場と自宅を分けることにしたため、仕事場でウサギ、自宅で猫を飼えるようになり、本格的に猫のお迎えを検討するようになりました。

猫を飼いたいと、ネットでいろいろな里親サイトを検索して探しました。たくさんの写真の中で、個人で保護活動している方の猫の写真が引っかかったのです。出会った瞬間、びびっと合うものがありました。

もともとしましまの猫が好きでしたが、一目見て白黒模様のその子に魅かれました。ものすごくかわいかったのです。後で気が付いたのですが、 白と黒の色柄が、まるでペンギンみたいで、不思議なご縁も感じました。

家を留守にする時間もあるので、子猫よりも大人猫で、落ち着いたのんびりしている子が良かったのです。里親さんからも、性格がおっとりしていて、大人しく、甘えん坊だと言われて、まさにわが家にピッタリでした。自分が初めて一緒に暮らす子として、とても素敵な出会いでした。

―― それが白黒さんのてんちゃんでした。印象的な思い出はありますか？

てんちゃんがドアに挟まった事件は衝撃でした。家に来てすぐケージから出て、隠れるところを探したのでしょうか、ドアに挟まりました。当時はまだ実際に猫と暮らした経験がなかったので、猫ってもっとすばしっこいのでは？

とびっくりしました。でもちょっとどんくさいところがかわいかったです。

―― 白黒さんとの暮らしについて感じることとは？

『世界から猫が消えたなら』という小説があります。自分の大切なものが一つずつ世界から消えるテーマでしたが、私はこの世に猫がいなくては、絶対に困ります。

猫と人が愛し愛されて、お互いに幸せになれるのは、やはりすごいことですね。言葉も通じないのに、ちゃんと意思疎通できるのですから。

イラストは見ている人に委ねる感覚が好き

―― イラストとして一番気に入っている作品と、白黒さんなど生き物を描く時に心掛けていることなどを教えてください。

一番気に入っているというか、白黒さんをはじめ、その後のいろいろな展開が始まるきっかけを作ってくれたのがペンギンでした。Suica のペンギンはや

はり思い入れのある作品です。

動物を描く時ですが、生き物自体のかわいらしさを狙って、擬人化もしますが、わざとらしくない、ニュートラルな感じを心掛けています。

―― 白黒さんなどのイラストを描いている時は、どんなことを考えていますか？

最初に頭の中で文章で構成を考えてから、描くことが多いです。白黒さんのエピソードを読んで、お話を考えることから始めることが多くて、自分の中で「この文章にはどんな絵が似合うかな」と探しながら描いていく感じです。

白黒さん制作秘話とは？

―― 白黒さんの魅力はどんなところにあると思いますか？

白と黒のバランスや、色の入り方によって個性があり、唯一無二の柄になるのがとても面白く、魅力的だと思います。そして、面白いキャラの子が多いような印象を受けました。

白黒さんが人間語を話せたら、美味しいね、気持ちいいね、温かいね、というポジティブでほっこりするような会話をするようなイメージです。

私自身、たまたま最初に暮らしたのが白黒さんでしたが、猫の毛色では、アメリカンショートヘアのシルバーに黒いシマなども、とてもかわいいと思います。キジトラやシャム猫などもよく描きます。フォルムが丸い点がとてもかわいらしく、そして、てんちゃんもそうですが、鼻が黒い子が好きです。

―― 白黒さんを描く時の苦労について教えてください。

白黒さんは飼い主さんから写真を頂いて描きますが、顔の部分以外、全身が綺麗に写っている写真が少ないのが、苦労する点のひとつです。身体の模様でわからない部分があれば、わかる範囲内でポーズを決めて描くようにしています。

以前はスケッチブックに鉛筆で手描きし、その線を iPad に取り込んでから描いていましたが、今は下書きからすべて iPad です。

黒猫より遥かに白黒さんは描きやすいです。全部黒だと特徴は出しにくいのですが、白と黒だと模様の入り方など、それぞれ全然違って、特徴なども表しやすいです。体型も白黒のほうが表現しやすいですし、エピソードから伝わってくるその子らしい個性が出て、描きやすいキャラクターだと思います。白黒さんは他の毛色の子に比べるとデザイン化に向いていますね。

最近、白黒猫の魅力が広まっているようで、保護活動をされている方が白黒猫さんを希望される方が増えたと言っていました。白黒さんそのものの良さが再発見されたということでしょうか。みなさんにもぜひその魅力を、この本でたっぷり味わっていただきたいと思います。

―― 最後に、書籍を購入されたファンのみなさんにコメントをお願いします。

はい。この本は白黒猫を飼っている人はもちろん、猫好きな人全員に手に取っていただきたいです。みなさんに投稿していただいた白黒さんの個性と魅力が満載ですし、猫って意外と飼い主さんにしか姿を見せない子も多いので、他のお宅の猫さんのことも、たっぷり楽しんでいただけると思います。

また、猫を飼ってない人にとっても、この本がお迎えのきっかけになればうれしいです。特に白黒さんは雑種の子で保護猫さんが多いので、家族のいない子を新しくお迎えしていただけたらと思います。

⬅「白黒さんいらっしゃい」の主要メンバー。左から、（株）築地ファクトリーの小野尾勝彦さん、坂崎千春さん、（株）ゴーストノートのハヤカワケンゾーさん。

写真から絵にするまでの工程を初公開！

白黒さんのイラストができるまで

投稿した写真はどうやってイラストになるの？
みんなの疑問を、坂崎千春さんに解説していただきました。
知ればますます「白黒さんいらっしゃい」のファンになる!?

PHOTO
元となる投稿写真

STEP 4
腕などの位置を修正する

STEP 5
陰影をつけながら微調整をしていく

STEP 6
デッサンを元に線画のイラストを描く

「全体像を見ることができる写真を選んで、まず大まかに形をとります」と坂崎さん。「特に白黒さんはブチの入り方が個性なので、そこに気を付けながらデッサンしています。それを下絵にしてトレースした後、線画で仕上げていきます。影を取り除き、ブチも余分なものは省いていって完成です」。今ではこれらの作業を、iPad を使って描いているそうです。

STEP 1

全体のあたりをとる

STEP 2

各パーツの
あたりをとる

STEP 3

色(黒い部分)を
大まかに塗る

POINT

その子らしさを出すために特に顔の表情を大切にしています。その子の性格が出るように、目と同時に口にも心を配って描いています。
(by 坂崎千春)

STEP 7

下絵のデッサンを外し
線を整えて完成

CHARACTERS

坂崎千春さんのキャラクター

たくさんある中からのご紹介。
見たことのある人も多いのでは？

Suicaのペンギン

JR東日本のSuicaのキャラクター

Suicaのペンギンは南極から東京にやってきました。好物は魚肉ソーセージ。

クロネコ・シロネコ

ヤマトホールディングスのマスコットキャラクター

ヤマトグループ公式カラーである黄色の目が特徴のクロネコと緑色の目が特徴のシロネコ。創業100周年を機に誕生。

チーバくん

千葉県マスコットキャラクター

千葉県に住む不思議ないきもの。好奇心旺盛でいろいろなことに挑戦するのが大好き。横から見ると千葉県の形をしている。

BOOKS

坂崎千春さんの本

特に思い入れのある著書を選んでもらいました。

『いきものとイラスト キャラクターデザインから本づくりまで。』

ビー・エヌ・エヌ／2018年4月

坂崎さんの作品の中でも「いきもの」のイラストに焦点を当て、制作プロセスやイラストへの落とし込み方などを紹介した1冊。

『ペンギンゴコロ』

文溪堂／1998年3月

私のココロはペンギンの形をしていて、白と黒に塗り分けられている。不安定な心をはげましてくれる、ココロで読む絵本。

『ペンギンうらない カラフル』

すみれ書房／2021年10月

花や動物、ペンギンのイラストが100点もおさめられており、占い本としても画集としても楽しめる1冊。

『ペンギンうらない 金と銀』

すみれ書房／2021年10月

ペンギン＆動物のイラスト100点に、占いの言葉が添えられた本。プレゼントブックとしても喜ばれる1冊。

Chapter 4

白黒さんのいろいろなことを聞いてみた！

「白黒さんいらっしゃい！」に投稿されている飼い主さんに、
愛猫さんについて、質問してみました。
また、サイトを作成している中の人たちの貴重なコメントも。

白黒さんファンにSNSで聞いてみた！

おもしろエピソード集

公式ガイドブックの特別企画として、SNSを通してアンケートを実施。
6つの質問に対してさまざまな回答をいただきました。
出会いやエピソードなど、白黒さん愛を感じさせるコメントをご紹介しましょう。

Q1

「白黒さんいらっしゃい！」のサイトは、
どんなところが好きですか？

「白黒さんにスポットが
あたっているところ」

「白黒さんだけ
なのが素敵」

「まだ、
こんなシャッフル
あったか！
これもかわいい！
とかワクワクします」

「柄、体格等、飼い主さんの紹介も、
それぞれ特色があっておもしろい」

「シンプルなのに
表情があって、
その時の
自分の気持ちで
楽しめる」

「毎日、いろんな白黒さんを
見ることができるから」

「毎日更新でいつ見ても
新鮮な気持ちがする」

「絵のタッチがかわいく、
癒される！」

Q2

あなたの家の愛猫さん
との出会いは？

「**譲渡会**
です」

「**家の近くで**
鳴いてるところを
保護
しました！」

「保護施設で出会いました」

「犬の散歩中のおばさまが
保護した子猫で、
犬が歩かなくなってしまうので
家に帰って戻るまで
預かって欲しいと
言われ、
そのままお迎え
しました」

「**1匹は里親会から、**
もう1匹は
家の近くで鳴いてる
ところを保護
しました」

「保護猫カフェで
出会いました」

「個人で保護猫の活動をしている方のところの
お迎えしようと思っていた猫さんとは御縁がなく、
その後、その
保護猫活動の方から、
新しい子がいると教えていただき、
無事御縁につながりました」

「我が家の
猫のママが妊娠中で、
ふらついてたのを
保護していただき、
子どもも育てていただき、
めぐりあえました」

「ひとめぼれしました」というコメントが多かった！

Q3

愛猫さんの好きなところはどんなところで、好きな理由は何ですか？

「癒しをたくさんくれています。
もう居てくれるだけで幸せ！」

「存在そのもの」

「なにをしても
好きなので、
どんなところとか
ないです！」

「なんだかんだで
人が好き
なところ、そっけないように見えて
足元で一緒に寝たりしてくれる
のがかわいい」

「キリッとした
顔をしているのに、
どんくさいところ」

「甘えん坊で、
もちもちふわふわな
ところです！」

「何を話しているか
しっかり
聞いているところ。
でも言うことは
聞かない……」

「甘え上手な
ところ」

「にくきゅうと後頭部の
まあるいところがたまらなく好き」

「どこが好きかと聞かれたら、
全部と言うしかないほど
全部が愛しいです」

「THE猫、と言う感じがするところ」

「自己中心的なところ」という回答もありました！

Q4

愛猫さんがするかわいいしぐさ（や行動）を教えてください。

「興奮したあとの、
大きな鼻息（フンッ）」

「**サイレントニャー**」

「フゴフゴ言いながら
顔を近づけて甘えてくるところ」

「きゅんとなるのは
毎晩玄関ドアの前で、
私を待っていることです。
いつも遅くてごめん」

「**へそ天しながらゴロゴロ**
するところ」

「夢中で遊んでいる
姿が可愛い」

「あまりにも小さい時（生後１ヵ月弱）に
親からはぐれてしまったせいか、
甘え方が下手で、
こっそりとフミフミ
をしたりするところ」

「甘えたい時や
撫でて欲しい時に、
とにかく鳴く」

「甘えたい時は
ひざに乗ってきます！」

「きょうだい猫とケンカをして、
すごすごベッドの下に
もぐっているところがかわいい」

「**どんなことをしていてもかわいい**
ので、どれかとは言えない」

「イカ耳になるところが
かわいい」

「何をしていてもかわいい！」という飼い主さんがたくさん。

Q5

愛猫さんにビックリさせられた事件やハプニングを教えてください。

「高齢の母に、
家に来る外猫（野良ちゃん）と
間違えられて（柄が似ています）、
「外に出なさい」と追い出され
窓の外で途方にくれている
ところを見つけた時。
よく逃げ出さなかったと思います」

「人見知り猫で
家族以外だと隠れちゃうのに、
うちの母にはじめてあった時に
母の顔の匂いを嗅ぎにいって逃げなかった。
やっぱり猫の嗅覚では（飼い主の）私と
（母が）同じ匂いがしたのかな？」

「私がいない間に
クローゼットの上とか飛んだりして、
冒険してるのを
9年目にして
初めて知りました」

「お風呂のフタの上にいきなりダイブした勢いで、
滑ってお湯の中に落ちてしまった」

「小さい頃、
マイク付きイヤホンを
２本ダメにされたこと」

「少し目を離したすきに
キャットフードの袋を
かじられてしまい、
歯形が付いてしまった」

「小さくてかわいい
と思っていたら
体重が
5kgだった
こと」

「まさかの
テレビ線を
破壊
されていました！」

「舌を出したままぼーっとしてました」という回答も！

Q6

もし愛猫さんが一日だけ人間になったら、あなたとどんなデートをしますか？

「家でごろごろするデート」

「一日中ゴロゴロしながら、出窓から外を眺めながら、人間観察したい」

「ごはん、ごはん、ごはん、ずっと食事なデートしか思いつかないです」

「普段はお家の中にいるので、外のお日様の下でのんびり過ごしたいです」

「おにごっこ？」

「お買い物デート。多分食品系の買い出し」

「猫じゃらしが生えてる草原にピクニック！」

「いちにちベッドでごろごろ」

「元気いっぱいアウトドアを楽しめるといいにゃぁー」

「すごく豪華なフレンチレストランで、白黒さんが蝶ネクタイタキシード。私がセクシーなドレスを着て食事を楽しみたい」

「会話デートかな……」

「今とおなじ。ソファーに座ってお茶します」

白黒さんとはごろごろまったりなデートがお似合いのようです。

ご回答いただいたみなさん、ありがとうございました！

中の人に聞いてみた！

採用のポイントとは？

「白黒さんいらっしゃい」のサイトは投稿フォームから
あなたの白黒さんを投稿すると、
編集部で選んだ白黒さんがサイトで紹介されます。
どんな白黒さんが選ばれるのか、サイトを編集・運営している
（株）築地ファクトリーの小野尾勝彦さんと
（株）ゴーストノートのハヤカワケンゾーさんのお二人にインタビューしました。

サイト全体の空気感を大切にする

制作側としては、第一にサイト全体の空気感を大切にすることを考えているそうです。その上で、エピソードのおもしろさ、写真のかわいさ、パッと見てクスッと笑えたり、思わず感情移入したりできるような投稿を選んで、掲載するようにしているとのこと。

でも本当は「できれば全員掲載したいです」（小野尾さん）との本音も。どの白黒さんも大切な家族の一員であることが伝わってくるそうです。

「2017年にスタートした当初は、白黒さんだけで集まるのかと心配したこともありましたが、意外にも白黒さんはたくさんいらっしゃいました。今でも多くの飼い主さんから、毎日たくさん投稿していただいています」

飼い主さんの思いが伝わるように

同じく制作を担当しているハヤカワさんは、毎日、たくさんの投稿の中から掲載する白黒さんを選考しています。

「とにかく、白黒さんの選考は、毎日楽しい一日のはじまりです。システム的に予約掲載も可能ですが、それはしないようにしています。毎朝、仕事場へ行き、その日掲載する白黒さんを選考しますが、前日の記事と似たものにならないように、また、飼い主さんの思いが伝わるようにしています。

白黒さんたち本人（猫）はいたって真面目に生きているだけなのに、我々人間から見るとこんなに可笑しい。などなど、そんな思いで毎日掲載記事を選考しています。

小野尾さんもおっしゃる通り、確かにスタート当初は、毎朝何時間もかけて掲載記事を選んでいました。『これはウケるぞ。この記事はちょっとこのサイ

トの空気に合わないかも』など、逡巡しながらでしたが、それも数ヵ月ぐらいのことで、その後、なんとなく自分の中に選考基準みたいなものが出来てからは悩むことも少なくなりました」とハヤカワさん。スタッフの愛情と同時に、白黒さんならではの魅力も、サイトを支えているようです。

動画になるポイントは、「ほっこり」「ほんわか」「日常」

投稿する時に飼うことになった経緯なども書いてくれる人が多く、「最初、(うちに来た時は) おびえて目つきが悪かったのが、どんどん優しい目になってきて、甘えん坊です」といったエピソードなどは、読んでいる人を幸せな気分にさせてくれます。こうしたサイトの閲覧者が共感できるような投稿文も、採用されるポイントのひとつかもしれません。

ハヤカワさんに聞いた、動画にする白黒さんについては、「エピソードの内容から、『ほっこり』『ほんわか』『日常』をテーマにセレクトしています」とのことでした。

イベントでは「うちの子」の写真を見せてくれることも

編集スタッフはサイトの運営と同時に、グッズや絵を展示・販売するイベントも定期的に行っています。「ちよだ猫まつり」から百貨店催事までさまざまなイベントに出展しましたが、出展の基準は「『白黒さんいらっしゃい』の世界観を理解していただいているイベント」であること。坂崎千春さんの絵を、何より大切に考えていました。

イベントではよく、「『白黒さんいらっしゃい』のイラスト化されている子に、うちの子がよく似ているんですよ」という声をかけてもらえるとか。来場者は坂崎千春さんのファンがほとんどで、イベントはいつも大盛況です。

小野尾さんによると、「白黒さんいらっしゃい」を知らない来場者の方からも声をかけられることが多いそう。実際にイラストになった白黒猫さんの飼い主さんが、「お友達へのプレゼント」と、たくさんグッズを購入されている場面に遭遇したこともあるそうです。

「毎年、白黒さんいらっしゃいの出展コーナーに来場されているファンの人もいて、猫好きの人は自分の猫だけじゃなくて、ほんとに猫という生き物が好きな方が多いな、という印象です」(小野尾さん)

大人気白黒さんグッズは実用的なものとフィギュア

イベント会場で人気の白黒さん商品は、エコバッグ、アパレル関連商品、靴下等実用的なもの。さらにカプセルトイでフィギュアを製作した時は、完売するほどの大人気でした。今後は新しいアパレル商品と、シールプリントアプリが発売される予定です。

「今後も、白黒さんいらっしゃいのブランドに合うかわいらしいグッズの商品化を目指しています。各メーカーの商品クリエイターさんたちには、坂崎千春さんファンがとても多く、そういった方々と一緒に、いつまでも愛される商品の企画を考えています」と小野尾さんが教えてくれました。

あとがき

たくさんの白黒さんのエピソードを読み返すと、改めて白黒さんの魅力について感じさせられます。家にやって来た時のエピソードや、日常生活での思いがけない出来事、変わった癖や習性など、白黒さんは私たちにたくさんの笑顔と幸せのおすそ分けを与えてくれました。

白黒さんの素敵なところは、実際に猫を飼っている人にも、そうでない人にも共感できる魅力をもっている点にあります。普段、あまり猫に関心がないという男性が、ポップアップストアで誰よりも熱心にお買い物をしていたり、スタッフに熱心に話しかけてくれる姿を、たくさん見かけました。どうやら白黒さんは、猫というカテゴリーを超えた、不思議な魅力をもっているようなのです。

実際、サイトを開始した当初は、スタッフも「どれぐらい写真が集まるだろう」と心配していました。一枚も来なかったらどうしよう、とも思っていたのです。ところがスタートから今まで、多くの皆さんにたくさんの白黒さん写真を投稿していただくことができました。本当にありがたいことです。

写真の白黒さんは本当にどの子も魅力的です。エピソードから伝わってくる、白黒さんとの幸せな出来事を読ませていただくのは、心温まる、素晴らしい時間です。きっとこの本を読んでくださったみなさんも、同じような気持ちでいらっしゃると思います。

どの白黒さんも、私たちを励ましたり、笑わせようとして、面白いことをしているわけではありません。どちらかというと白黒さん自身は大まじめで、本人（猫？）なりの判断基準をもって普通にやっていること。でもそれが、私たちにとっては感動的で面白く、自然な笑顔にしてくれるのです。とても不思議です。

彼らの自然な行動を見ているだけで、私たちは自分たちがいかに作為的に生き、不自由に暮らしてきたかを知ることができます。白黒さんは存在しているだけで、私たちの変な拘束を解き、本来の姿で自然に生きることを、教えてくれるのです。

改めて再確認した、白黒さんの素晴らしさ。その魅力を一冊の本としてまとめてお届けできるのは、本当に幸せなことです。心より、感謝と御礼を申し上げます。ありがとうございました。これからもどうか、「白黒さんいらっしゃい」をお楽しみください。

坂崎千春（さかざきちはる）

千葉県生まれ。1998年よりフリーのイラストレーターとして活動中。JR東日本「Suicaのペンギン」、千葉県のマスコット「チーバくん」などのキャラクターデザインを手がける。

「白黒さんいらっしゃい」プロジェクト

白黒猫の魅力を皆様と楽しむWEBユーザー参加型の投稿サイト。投稿いただいた白黒猫を人気イラストレーターの坂崎千春さんがイラストにして、さらに雑貨としての商品化や動画配信も行っている。

STAFF

編集	ナイスク（https://naisg.com/）
	松尾里央　岸 正章
	崎山大希　鈴木陽介
執筆	柿川鮎子　大泰司由季
撮影	中川文作
デザイン	大橋麻耶（maya design room）
協力	小野尾勝彦（築地ファクトリー）
	ハヤカワケンゾー（ゴーストノート）
	千葉県　JR東日本
	ヤマトホールディングス

※「千葉県マスコットキャラクター　チーバくん」の許諾番号は、千葉県許諾第B 576-1号になります。

白黒さんいらっしゃい 公式ガイドBOOK
白黒猫さんに愛を込めて

2024年2月18日初版印刷
2024年2月28日初版発行

著　者　坂崎千春
　　　　「白黒さんいらっしゃい」プロジェクト
発行者　小野寺優
発行所　株式会社河出書房新社
　　　　〒151-0051　東京都渋谷区千駄ヶ谷2-32-2
　　　　電話 03-3404-1201（営業）
　　　　　　 03-3404-8611（編集）
　　　　https://www.kawade.co.jp/
印刷・製本　図書印刷株式会社

Printed in Japan
ISBN 978-4-309-29380-6

＊本書の内容に関するお問い合わせは、
お手紙かメール（jitsuyou@kawade.co.jp）にて承ります。
恐縮ですが、お電話でのお問い合わせは
ご遠慮くださいますようお願いいたします。